UP AND AWAY

UP AND AWAY

LUFTFAHRT WELTWEIT

Die schönsten
Fotografien von
Dietmar Plath

Mit Texten von
Gunter Hartung

GeraMond

Inhalt

LIFE VEST

Der Traum vom Fliegen

Zugegeben, Marco Polo und Alexander von Humboldt sind als Weltreisende ihrer Zeit nicht zu toppen. Und vermutlich hätten sie den Fotografen auf Platz 3 verdrängt, wenn damals bereits das Flugzeug erfunden worden wäre. So aber hatten sie keine Chance gegen den »Flugzeugjäger« aus Otterstedt bei Bremen. Der ist seit mehr als 30 Jahren nahezu rastlos unterwegs, um seine Leidenschaft für alles, was fliegt, per Fotografie auf andere zu übertragen.

Barossa Babe

Ein junger Mann träumt vom Fliegen und findet Schlüssel und Wege, den Traum zu leben. In seiner Heimat, dem kleinen Ort Otterstedt irgendwo zwischen Hamburg und Bremen, wandert er schon als Kind mit dem Finger über die Landkarte. Bis heute ist die ländliche Idylle für ihn sein persönliches »Mare Tranquillitatis«. Und wenn das gleichnamige »Meer der Ruhe« auf dem Mond über einen ordentlichen Flugplatz verfügen würde – er wäre längst dort gelandet; wie in den gut 130 Ländern, die er inzwischen gesehen hat, manche davon mehrfach. Dabei sollte berücksichtigt werden, dass inkl. des Neulings Südsudan nach UN-Definition nur 194 Länder offiziell als Staaten anerkannt sind. Mit anderen Worten: der Otterstedter wird mit seinen Kameras zunehmend zum Wiederholungstäter in der Welt der Luftfahrt.

Es sind nicht nur die Flughäfen der Metropolen auf allen Kontinenten, auf denen er parkende, rollende, startende und landende Flugzeuge jeder erdenklichen Größe attraktiv ins Bild gesetzt hat. Extrem kurze Grasplätze im dichten Dschungel oder Schotterpisten im Hochgebirge ergänzen das Repertoire. Um das alles zu realisieren war und ist neben fotografischer Technik und Erfahrung logistische Raffinesse und Improvisationstalent erforderlich. Vor allem deshalb, weil sich die Aufnahmen von denen unterscheiden sollen, die jedem Hobbyfotografen gelingen können. Denn wem wird es schon gestattet, sich haarscharf neben der Runway den heißen Kerosinhauch der Triebwerke um die Nase wehen zu lassen …

Manche Flughäfen, auf denen er einst gelandet ist, existieren nicht mehr. Hongkong Kai Tak z. B., der mehreren Pilotengenerationen als Herausforderung galt, ist seit Ende der 1990er Jahre nicht mehr aktiv; auf der Runway des Airports von Rabaul, auf der Insel New Britain in der Bismarcksee, liegt die Asche eines gigantischen Vulkanausbruchs seit fast 20 Jahren einige Meter hoch. So sind zahlreiche Bilder, die der Fotograf aufgenommen hat, längst beeindruckende Dokumente der Luftfahrtgeschichte des vergangenen Jahrhunderts. Was der Betrachter der Aufnahmen nicht ahnt sind die »Geschichten dahinter«. Welche Tricks und Argumente hat sich der Fotograf einfallen lassen, um die Bilder überhaupt zu ermöglichen? So wird dieses Buch also auch »aus dem Nähkästchen« berichten, von ausgefallenen Begegnungen und verblüffenden Ereignissen. Erinnerung in diesem Zusammenhang an den Versuch, die Erlaubnis für Fotos auf dem Moskauer Flughafens Scheremetjewo zu erhalten. Zwar war damals das Ende des Kalten Krieges bereits in Sicht, die politischen Strukturen aber schienen das Vorhaben dennoch zu vereiteln. Die Verantwortlichen in der Moskauer Zentrale der Aeroflot gaben sich als Gastgeber überaus freundlich, in der Sache aber staubtrocken-bürokratisch, kälter als die 30 Grad unter Null in diesem russischen Winter 1988/89. »Noch ein Wässerchen, Towarischtsch?« Merke: die Anrede folgte noch der alten kommunistischen Gepflogenheit, der Wodka floss über Stunden in Strömen, eine mögliche positive Entscheidung über das Ansinnen, auf dem Vorfeld des Airports zu fotografieren, wurde vertagt. Am nächsten Morgen wieder Wodka, Austausch zunehmender Höflichkeiten. Am Nachmittag duften wir dann, leicht benebelt und auch deshalb ziemlich fröhlich, ungehindert auf dem Airport alles fotografieren, was da rollte, startete und landete. Von Aufpassern der Security keine Spur, Exklusivität in Reinkultur!

Aus dem ursprünglichen »Traum vom Fliegen« hat sich im Laufe eines Jahrhunderts ein routiniertes Geschäft entwickelt, das sich an Wirtschaftlichkeit und optimaler Flugsicherheit orientiert. Die Ästhetik aber ist erhalten geblieben – wie bei dieser frisch polierten Boeing 757 von American Airlines.

Seite 12/13:
Boeing 747-400 von Air China: Ein Bild aus längst vergangenen Zeiten, als Hongkong Kai Tak noch aktiv war und die Piloten beängstigend tief über dem Häusermeer des gleichnamigen Stadtteils, zu einem furiosen Endanflug gezwungen waren. Seit dem 6. Juli 1998 gehören Aufnahmen wie diese der Vergangenheit an.

CHINA
創業地產
歡迎委托
K-7161789
樂口福

AIR CHINA
皇朝餐

Ähnliche Erfahrungen haben wir auch in Peking gemacht, wo unsere Gesichtsmuskulatur längst aufgrund des unbedingt notwendigen Dauergrinsens schmerzte und wir schließlich nach drei Tagen Überzeugungsarbeit mit einem stinknormalen Straßentaxi auf dem Vorfeld des Internationalen Flughafens herumkurven durften. Eine vergleichbare Frechheit auf demokratisch-deutschem Terrain hätte den Bundesgrenzschutz in Frankfurt veranlasst, die Eindringlinge mit Panzerspähwagen zu umzingeln …

Jahrzehnte nach der unbequemen ersten großen Reise mit einer deutschen Transall nach Indonesien liegt Dietmar Plath wieder mal der Länge nach auf dem Bauch, diesmal auf dem Vorfeld des Kuala Lumpur International Airports. Da robbt er also unter Missachtung seiner Bekleidung, die wenig später noch vor den Augen des General Managers von Malaysia Airlines Gnade finden soll, über den strapazierten Beton und starrt konzentriert in eine flache Wasserlache, die nach dem heftigen Monsunguss am frühen Morgen bis jetzt der Äquatorsonne getrotzt hat. Das Ergebnis ist als Spiegelbild in diesem Buch zu sehen wie so manche andere geflügelte optische Augenweide irgendwo auf diesem Globus, zwischen Galapagos und Grönland, zwischen dem in Osttibet auf 4334 Meter über dem Meeresspiegel am höchsten gelegenen Verkehrsflughafen der Welt, Bangda, und anderen Orten, die in Günter Jauchs Ratespiel als Millionenfrage geeignet wären, weil ihre Namen kaum jemand kennt: Qacha's Nek in Lesotho zum Beispiel, Tari im südlichen Hochland von Papua Neuguinea, Shibam im jemenitischen Wadi Hadramaut, die andere historische Lehmstadt Bam im Iran, die kurz nach unserem gemeinsamen Besuch von einem verheerenden Erdbeben verwüstet wurde, oder Saut Athanase im Dschungel von Französisch Guyana. Genau dort hat sich eine schicksalhafte Katastrophe ereignet, die den Vielflieger noch heute daran erinnert, dass die Luftfahrt nur dann als sicher gelten kann, wenn die Regeln beachtet werden. Auflösung im letzten Kapitel dieses Bildbandes …

Ungefragt und unbezahlt hat Dietmar Plath seit Beginn seiner zunächst kaufmännischen Tätigkeit beim damals noch halbwegs eigenständig existierenden deutsch-niederländischen Luftfahrtkonzern VFW-Fokker in Bremen in seiner Freizeit Flugzeuge fotografiert und dabei ungewöhnliche Perspektiven gewählt. So lange, bis die Verantwortlichen der Unternehmenspressestelle auf ihn aufmerksam wurden. Irgendwann waren die Fotos des Autodidakten dann für öffentliche Präsentationen und Firmenprospekte unentbehrlich. Sie erschienen alsbald in den einschlägigen Luftfahrtmagazinen und Fachbüchern in Deutschland und aller Welt. Zugleich dämmerte den Verantwortlichen, warum dieser junge Kollege so außergewöhnliche Fotos machte. Einerseits, weil ihn längst das Virus befallen hatte, unter dem auch die meisten Piloten fröhlich leiden und eben alles bewundern, was fliegen kann, andererseits wegen eines offenbar angeborenen Organisation- und damit einher gehenden unwiderstehlichen Überredungstalents. Die Erfolgsrezepte des wohl mit einigem Abstand umtriebigsten Luftfahrtfotografen der Welt gründen neben fachlicher Qualifikation und dem konsequenten Bestreben, die Realität seines Fachgebiets abzubilden, auf unnachgiebiger aber stets freundlicher Verhandlung mit Flughafendirektoren, Airlinepräsidenten und der allgegenwärtigen Security auf den Airports dieser Welt.

Tropengewitter voraus: Eine Boeing 737 von AirAsia unmittelbar nach dem Start vom Flughafen Kuala Lumpur in Malaysia.

Seite 16/17:
Training für die Transall-Hilfsmission gegen den Hunger in Äthiopien: Luftiger Arbeitsplatz bei geöffneter Heckladeklappe über der Nordsee. Eine Herausforderung für den Fotografen. Nur mit einer Art Nabelschnur gesichert blickt Dietmar Plath von der äußersten Kante des Transall-Bodens ins Nichts.

Seite18/19:
Nach dem Monsunregen: gespiegelter Airbus A320 vor dem auffälligen Vorfeldtower in Kuala Lumpur.

PK-AXA
malaysia

NOW EVERYONE CAN FLY
INDONESIA
AIRBUS
AirAsia.com

Dabei ist vor allem die Mentalität der Zuständigen in den jeweiligen Ländern zu berücksichtigen. Trotz der ursprünglichen Zusage per eMail lange vor Reiseantritt waren die Sicherheitsbeamten des Flughafens Sana'a im Jemen 2009 überhaupt nicht geneigt, das Reportageteam von AERO International auf das Vorfeld zu lassen. Nach quälender Debatte über Stunden wird der Grund für die Verweigerungshaltung erkennbar: die auf der Westseite der Runway abgestellten Kampfjets der jemenitischen Luftwaffe. Draußen knallige Sonne und beste Bedingungen für eine optische Präsentation der Flugzeuge der staatlichen Airline Yemenia, im Security-Office tippt einer der Mitarbeiter in die Tastatur seines Dienstcomputers. »Sie haben doch Google Earth auf dem Desktop. Darf ich mal?« Beim Ranzoomen erscheint die akkurat abgestellte Reihe der Kampfjets bildfüllend. »Sie verfügen über 13 MiG31 und 11 SU29 sowjetischer Bauart. Jeder in der Welt, der gerade online ist, kann die sehen, wenn er will. Wir wollen die aber überhaupt nicht im Bild haben. Vorschlag also: einer Ihrer Kollegen begleitet uns auf dem Vorfeld, und anschließend löschen Sie die Fotos, die Sie beanstanden, von meiner Kamera!« Dietmar Plath hatte wieder einmal gewonnen.

Vieles lässt sich am häuslichen Schreibtisch vorbereiten und beeinflussen, manches aber nicht. Gesprächstermine mit Informanten werden verabredet, Hubschrauber für Luftaufnahmen organisiert, Hotelzimmer in Airportnähe gebucht, regionale Flüge, auf welchem Kontinent auch immer, vereinbart, und dann spielt das Wetter verrückt und hält sich nicht an die meteorologischen Prognosen. Der Rest ist Improvisation, gelegentlich begünstigt vom immer wieder gern gesehenen Wolkenloch, durch das die Sonne während eines Flugzeugstarts blinzelt. Wenn es gar nicht anders geht, lässt er sich einfach treiben. Keineswegs unproduktiv, wie das Ergebnis belegt. Etwa dann, wenn in dem Bergdorf Château d'Oex in der französischen Schweiz ein paar Dutzend Heißluftballons zeitgleich starten, der Ballon des Fotografen aber ein bisschen zügiger als die anderen an Höhe gewinnt und sich die anderen aus der Vogelperspektive tief unter ihm über der winterverschneiten Landschaft abzeichnen. Wie auch immer: Tausende von Fotos, die zwischen Peking und Tahiti, zwischen Zentralaustralien und Tibet entstanden sind, belegen inzwischen die wundersame Richtigkeit des Lieblingsslogans, der Dietmar Plath auf seinen Reisen begleitet: »Glück muss erarbeitet werden!«

Als es noch ruhig zuging in der ehrwürdigen Hauptstadt Sana'a im Jemen: Dietmar Plath (links) und Gunter Hartung mit traditionsbewusstem Begleiter.

Rechte Seite:
Vor dem Aufsetzen auf der Runway von Seiyun im Wadi Hadramaut: alte Boeing 737-200 der staatlichen Yemenia. Ganz in der Nähe ist ein Weltkulturerbe zu besichtigen: die mittelalterliche jemenitische Lehmstadt Shibam, das »Manhattan in der Wüste«.

Seite 22/23:
Seit 1979 alle Jahre wieder: Traditioneller Massenstart im verschneiten Château d'Oex in den Schweizer Alpen während der internationalen Heißluftballonwoche. Von hier aus startete im März 1999 Bertrand Piccard mit dem Breitling Orbiter III zu einer Nonstop-Ballonfahrt rund um die Erde.

Yemenia
اليمنية

Der Zeitzeuge der Luftfahrtgeschichte hat in 30 engagierten Berufsjahren Millionen Flugkilometer zurück gelegt und zehntausende Fotos geschossen; zunächst also für VFW-Fokker in Bremen, später als Mitarbeiter der Pressestelle der DASA in Hamburg, die er am Ende seiner Industrietätigkeit über mehrere Jahre leitete, dann und bis heute als Chefredakteur des Magazins AERO International. Darüber hinaus füllen seine außergewöhnlichen Luftfahrtfotos inzwischen dutzende Bücher, Bildbände und in jedem Jahr einen großformatigen Airbus-Kalender. Die Fotos werden in renommierten Publikationen wie »Stern«, »GEO« und »Abenteuer und Reisen« veröffentlicht und orientieren sich samt und sonders an einer stets erkennbaren Leitlinie des Fotografen: »Ich will die Faszination vermitteln, die das Flugzeug bei mir bewirkt, seine Ästhetik. Denn es ist mehr als nur ein Transportmittel!«

Brennend heißer Wüstensand: eine Boing 737-400 bei einem Versorgungsflug auf dem Flugplatz Fuhad im Oman,

Rechte Seite:
Schnappschuss bei Bangalore: Bauer und heilige Kühe vor einem Airbus A300B2. Das Bild entstand 1978 während Dietmar Plaths erster Überseereise, die ihn nach Indien führte.

So steht eine Dornier 228 beängstigend schief auf dem problematischen Airport Lukla in Nepal, eine pinkfarbene Shorts Skyvan zeigt ihre Zähne in der Wüste, elf Bischöfe warten vor einer Boeing 747 auf die Ankunft des Papstes in Luanda/Angola – das sind ungewöhnliche und zugleich »Plath-typische« Motive aus der Welt der Luftfahrt.

Das alles liest sich glatter und leichter, als es gelegentlich war. Als Dietmar Plath während einer seiner ersten großen Reisen vor mehr als 30 Jahren am Airport von Bombay hinter den stabilen Gittern eines ziemlich landestypisch-unangenehmen Gefängnisses landete, weil er versäumt hatte, die Genehmigung des Militärs für seine Vorfeldaufnahmen einzuholen, hätten manche anderen angehenden Luftfahrtfotografen vermutlich resigniert und sich um ein bequemeres Berufsfeld bemüht. Ereignisse dieser Art aber werden von ihm nicht nur abgehakt, sie werden im Ordner »Erfahrungen« abgespeichert wie die Speikobra, die sich vor dem im trockenen Gras des EROS-Airports von Windhuk auf Motivsuche liegenden Fotografen plötzlich aufrichtete und ihr Gift auf die Optik spritzte, wie damals, als bei geöffneter Ladeklappe einer Transall, 15000 Fuß über Nörvenich, nach erfolgreicher Fotomission der Schreck in die Glieder schoss, weil der Sicherheitsgurt nicht verriegelt war. Oder im fernen Papua Neuguinea, wo einst eine startende Fokker 28 auf dem Flughafen Rabaul auf der Insel New Britain wegen ihrer Beladung überraschend so spät abhob, dass sich der auf der Centerline in Schussposition liegende Dietmar Plath nur noch per Hechtsprung in Sicherheit bringen konnte. Der an einen Urzeitdrachen erinnernde Landleguan, der sich auf dem Galapagos Airport Baltra verlaufen und als Bildvordergrund vor einem Airbus in Positur gebracht hatte, erwies sich dagegen als ausgesprochen friedlich …

Apropos Papua Neuguinea. Das steinzeitlich-wilde Land nördlich des australischen Kontinents gilt dem Fotografen als treffliches Beispiel für die Bedeutung des Flugzeugs im Zusammenhang mit der Entdeckungsgeschichte dieser Welt, als unverzichtbares Bindeglied zwischen den Kulturen. Eine bizarre Tektonik hat den Bau von Straßen bis heute verhindert. Stattdessen dienen mehr als 800 zum Teil abenteuerliche Flugplätze dem noch fernen Ziel, die staatlich angestrebte gesellschaftspolitische Integration der zahlreichen einst autarken Clans zu ermöglichen. Gemeinsam mit Dietmar Plath haben wir eine achtbändige Edition über dieses außerordentliche Land verfasst. Diesmal stehen Menschen im Zentrum der bildlichen Kompositionen und Perspektiven. Eingeborene des Hochlandes denen das Flugzeug als Transportmittel lange vor dem Tag vertraut war, an dem sie das erste Auto oder Fahrrad zu Gesicht bekamen.

Der Freund und Kollege hat die Welt gesehen und erlebt und wird, da sind sich alle, die ihn kennen, ziemlich sicher, auch die letzten weißen Flecken der Landkarte ansteuern, auf denen ein Flugzeug oder ein Hubschrauber landen kann. Als gelegentlicher Weggefährte auf seinen Weltreisen plagt mich nur eine Befürchtung: Irgendwann, so muss vermutet werden, wird sich Dietmar Plath, gemessen an der unglaublichen Schlagzahl seiner Flüge nach Westen und Osten, nach Süden und Norden, unweigerlich selbst begegnen. Vielleicht über dem weiten Pazifik. Und vermutlich wird er sich dann ganz gelassen zuwinken …

Motivsuche im Wadi Hadramaut: manchmal führt nur die »Bauchlage« zum gewünschten Ergebnis.

Seite 28/29:
Unweit von Doha im Emirat Katar: Die Shorts S.C.7 »Pink Skyvan« kommt ohne befestigte Runway aus und rollt zähnefletschend in der Wüste zum Startpunkt.

CV

Eleganz am Himmel

Für alle, die touristisch vom Fernweh getrieben oder als Geschäftsleute für global operierende Unternehmen tätig sind, gilt die Formel: die Welt ist längst ein Dorf. Tausende Flugzeuge sind zu jeder Minute zeitgleich am Himmel, unterwegs nach Irgendwo, und bringen täglich Millionen Passagiere zu ihren Zielen.

Britain's Flag Carrier
Jersey Girl
BOEING 747-400

Das Kapitel »Fluggesellschaften« begann am 16. November 1909 in Deutschland. An diesem Tag gründete Ferdinand Graf von Zeppelin die Deutsche Luftschiff-Aktiengesellschaft DELAG, die bis 1913 immerhin 34000 Passagiere beförderte. Niemand hätte damals die Prognose gewagt, dass nur hundert Jahre später mehr als zehn Millionen Reisende pro Tag auf den Luftstraßen der Welt unterwegs sein würden. Auch wenn dies kein Buch der Luftfahrtstatistik sein will muss erwähnt werden, dass gut und gern 5000 Fluggesellschaften inzwischen vier Milliarden Passagiere pro Jahr befördern; mit Flugzeugen, die heute äußerlich jene Eleganz und Ästhetik ausstrahlen, die geeignet ist, trotz der Normalität des Fliegens, von der wir heute ausgehen können, dennoch eine gewisse Exklusivität zu vermitteln. Ob auf Hochglanz poliertes Aluminium oder spektakuläre und kostspielige Bemalung: die Psychologen unter den Verkaufsstrategen wissen offenbar, wie wichtig das Erscheinungsbild ihrer Gesellschaft ist.

Generationswechsel bei den Größten: Noch dominiert der Klassiker Boeing 747 (rechts) auf der Langstrecke, doch der neue Gigant am Himmel ist schwer im Kommen. Transkontinental operierende Airlines entscheiden sich zunehmend für den europäischen Airbus A380 (oben), der bei voller Auslastung über große Distanzen deutlich wirtschaftlicher fliegen kann als sein amerikanischer Vorgänger in der »Jumbo-Klasse«.

Manche Airlines begnügen sich mit wenigen kleinen Flugzeugen, die für das Island-Hopping irgendwo im Pazifik eingesetzt werden oder, wie der Airvan von OLT, zwischen dem norddeutschen Festland und den Nordseeinseln. Andere sind, wie United Continental nach der Fusion, mit mehr als tausend Jets unterwegs. Neben der immer weiter verbesserten Flugsicherheit kommt der Wirtschaftlichkeit der Flugzeuge längst höchste Priorität zu.

Auf der Langstrecke ist der gigantische Airbus A380 inzwischen angetreten, den Klassiker Boeing 747 abzulösen. Auf stark frequentierten Strecken kann es eben sinnvoll sein, mit vier modernen Triebwerken bis zu 600 Passagiere statt wie bisher »nur« 400 ans Ziel zu bringen. Manche Gesellschaften ordern einige hundert Flugzeuge der neuesten Muster auf einen Schlag. Wieder andere setzen auf Nostalgie, knattern mit der uralten DC6 über Wüsten, Steppen und Urwälder und gestatten ihren Passagieren den Blick durch die großen Fenster der frühen Luftfahrtjahre auf die tosenden Victoria-Fälle.

Eine Bombardier Q400 von Augsburg Airways rollt auf dem Vorfeld des Flughafens München zum Start: Einst schienen die Tage der Turboprop-Flugzeuge gezählt zu sein. Doch hohe Treibstoffpreise und Modifikationen an Triebwerken und Propellern bescheren Typen wie Q400 oder ATR 72 eine Art Renaissance. Für eine Reihe von Einsatzbereichen kann der Betrieb einer »Turboprop« heute wieder wirtschaftlich interessant sein.

Seite 36/37:
Hautnahe Begegnung auf dem Flughafen Coolangatta an der australischen Gold Cost: Startender Airbus A320 vor einem Airbus A330 der Gesellschaft Jetstar, die am Rumpf des Flugzeugs mit »stets billigen Preisen« um ihre vor allem touristischen Passagiere wirbt.

Seite 38/39:
Angemessen im goldenen Gewand: Majestätischer Landeanflug eines Airbus A330-200 von Gulf Air auf seinen Heimatflughafen im Königreich Bahrain.

ENTER 2
D3
ORANGE

VH-EBF
AIRBUS A330
HOLD

.com
ntasGroup Airline
Jetstar.com
All day, every day, low fares

الخليج
GULF

Bombardier CRJ700: das zweistrahlige Flugzeug, hier im Einsatz für SAS während der Startvorbereitung auf dem Flughafen Düsseldorf, kann bis zu 70 Passagiere befördern.

Seite 42/43:
Vogelperspektive am Flughafen München: Blick aus einem Hubschrauber auf eine Reihe angedockter Flugzeuge und den Start einer Embraer 190 der Lufthansa CityLine.

UNITED
AEGEAN
UNITED AIRLINES

Lufthansa
Lufthansa
Lufthansa
Lufthansa
CityLine
D-AEBD

Relativ neu in Deutschland: Die australische GA8 Airvan begnügt sich mit extrem kurzen Landeplätzen. Für die Gesellschaft OLT wird dass achtsitzige Flugzeug vor allem an der Nordseeküste zwischen dem Festland und den Inseln eingesetzt.

Ab in den Urlaub, vor allem dann, wenn an der Nordsee das Wetter mal mitspielt. Im Bild rechts ist die Airvan von OLT über dem Strand von Norddeich unterwegs, unten links der Klassiker der »Islandhopper« in aller Welt, eine BN Islander, beim Start von der Insel Helgoland.

Seite 46/47: Unmittelbar vor der Landung auf Korfu: Die Boeing 737-800 von TUIfly bringt Urlauber aus Hannover auf die sonnenverwöhnte griechische Insel.

OLT
WWW.OLT.DE

FA
D-AHFA

TUIfly.com
BOEING 737-800
TUIfly.com
FA

DHL
SINGAPORE AIRLINES

A380-Destination Sydney: Auch hier ist der mächtige Europäer längst zu Hause. Vor der Skyline des australischen Finanz- und Handelszentrums starten und landen die mit Abstand größten Passagierflugzeuge der Welt seit ihrer Indienststellung nahezu täglich. Auch Korean Air und Air France gehören zu den ersten A380-Kunden. Die beiden Aufnahmen entstanden am Airbus-Werksflughafen Hamburg-Finkenwerder.

Seite 50/51:
Geplantes Fotoglück, Aufnahme durch das geöffnete Hecktor einer Transall: Airbus A310 von Condor im Jahre 1989 über der Elbmündung bei Hamburg.

Condor
Airbus A310

Globale Motivsuche

Manchmal wird dass Auge getäuscht. Ein Jet rollt zwar vor einer Pyramide mit Sphinx, allerdings eine Tagesflugreise von Ägypten entfernt – in Las Vegas. Die Motivsuche bindet das Flugzeug ein in das jeweils charakteristische Umfeld; wie in Quito, wo eine alte Boeing, nicht nur scheinbar, aus dem Häusermeer startet.

LUXOR
HAWAIIAN
N588HA

Auch das Bild von der in der dünnen Andenluft startenden alten Boeing 737-200 von Aerogal wird alsbald Luftfahrtgeschichte sein. Längst hat die ecuadorianische Hauptstadt in den Anden den Flugplatz umzingelt. Zunehmende Sicherheitsprobleme lassen einen weiteren Betrieb nicht zu und haben den Bau eines neuen Airports jenseits der Stadt erfordert. Und natürlich werden nach dessen Eröffnung die ersten aktuellen Fotos mit einiger Sicherheit von Dietmar Plath geschossen. Landestypische Kulissen rund um den Globus ordnen die Flugzeuge in das optische Umfeld ihrer Heimatbasen ein. Sie vermitteln, wie die Twin-Otter auf der Karibikinsel Saba, zugleich jenes Fernweh, das den Fotografen seit mehr als 30 Jahren antreibt. Und den freut es besonders, wenn sich Fluggesellschaften zu spektakulären Sonderbemalungen ihrer Flugzeuge entscheiden, wie einst bei der Boeing 747-300 der ANA in Tokio. Manchmal ist es, wie auf Koh Samui, erforderlich, sich mit Mühe und Machete in Position zu bringen, um eine Pagode hinter einem startenden Jet abzulichten. Oder sich eben, wie im ersten Kapitel erwähnt, vor einer Pfütze auf den Bauch zu legen, um den Airbus A320 von Air Asia per Spiegelbild zu erwischen.

Nach der Landung in der Gobi: Antonow AN-26 von Mongolian Airlines (oben), ungewöhnliche Ruhepause auf Wunsch des Fotografen (rechts).

Seite 56/57:
In der Heimat der Coco de Mer: Start einer der inzwischen seltenen BN Trislander von der Insel Praslin/Seychellen.

S7-AAG
Air Seychelles

Urlaubsende im Taucherparadies Sharm el Sheikh: Mit einem Airbus A321 von SAS zurück ins kalte Skandinavien.

Seite 60/61:
Karibische Attraktion: Airbus A340 von Air France nach dem Transatlantikflug, kurz vor der Landung knapp über den Köpfen der Schaulustigen am Strand der Insel St. Martin.

F-GLZL

R FRANCE
sint maarten

7P-LAQ

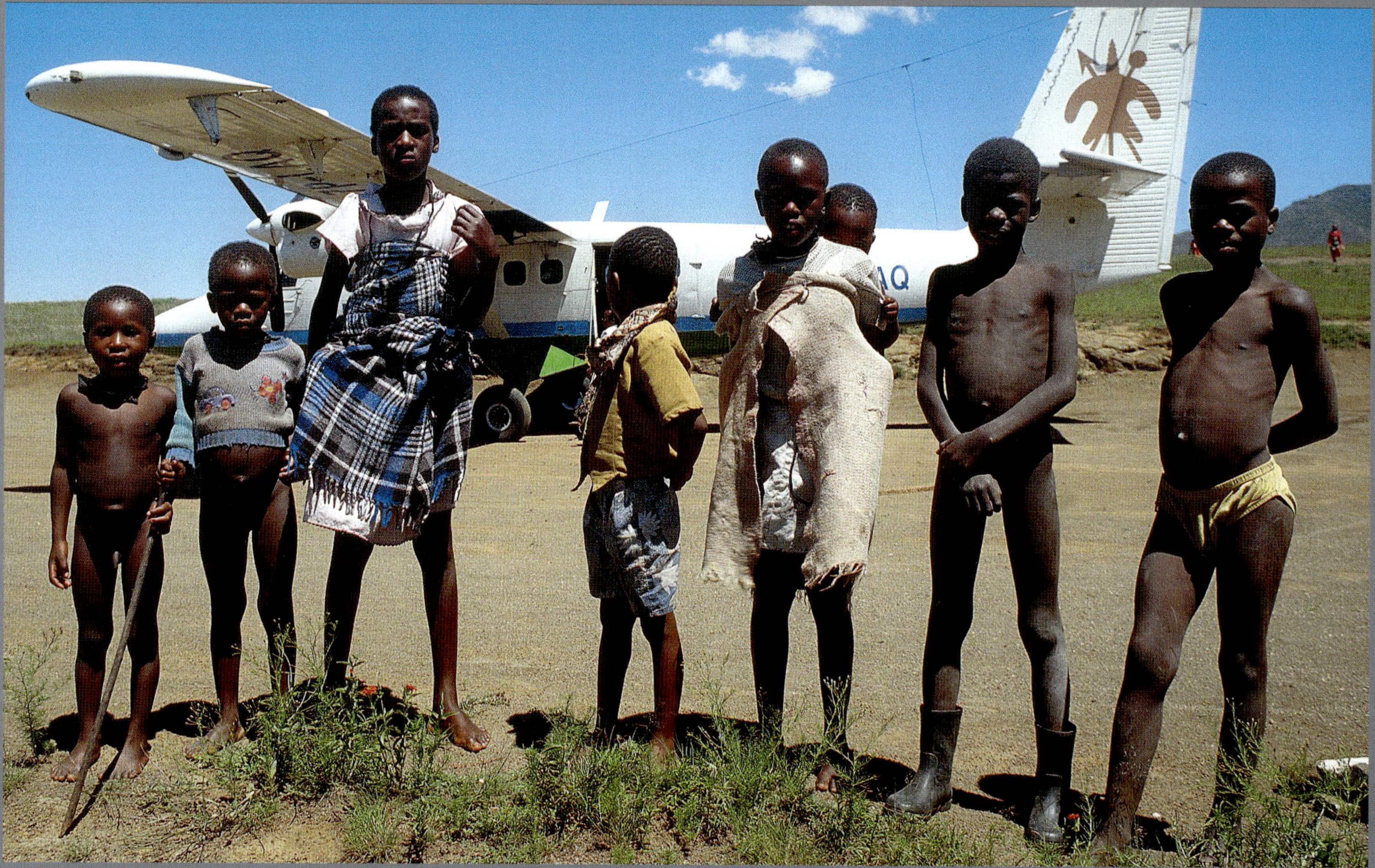

In den Bergen des südafrikanischen Königreichs Lesotho: BN Islander auf dem Flugplatz Qacha's Nek. Schroffe Canyons durchziehen das Hochland, das auch unter dem Namen »Afrikanische Schweiz« bekannt ist. Einige Flugziele sind von hier aus in unter drei Minuten zu erreichen. Im Flugplan von Lesotho Airways sind deshalb die kürzesten Flüge der Welt zu finden.

Seite 64/65:
Anflug auf die Urlaubsoase im Süden der Negev-Wüste: A320 kurz vor der Landung in Eilat am Roten Meer.

Seite 66/67:
Kurz vor dem Start nach Madrid: Wildwest-Landschaft am Aeropuerto de Norte Tenerife.

ישרוטל
ISROTEL
רויאל ביץ'
Royal Beach

ישראייר ISRAIR
4X-ABG

AirEuropa
AirEuropa

AirEuropa
www.aireuropa.com

Zeigen, wo das Kapital zu Hause ist: A320 von Gulf Air vor einem architektonischen Kleinod in Dubai (links), rechts das futuristische Pendant von Bahrain.

Seite 70/71: Royal Brunei zu Gast in Bangkok: Airbus A319 vor einem beeindruckenden Komplex aus filigranen Metallelementen und Glas. Der neue Airport mit dem umständlichen Namen Suvarnabhumi International ist seit September 2006 in Betrieb.

Seite 72/73: Bunt wie ein Tuschkasten als Werbeträger unterwegs: Das japanische Videospiel Pokémon geht mit einer Boeing 747-400 von ANA auf Reisen. Start auf dem Haneda Airport von Tokio.

V8-RBP
AIRBUS A319

E2
E2
E2
ROYAL BRUNEI
HSBC
The world's local bank
KLM
engineering & maintenance
KL-48

ANA

NYK LINE
POKéMON
JA8956

Angekommen am Ziel der Träume: Condor hat Touristen aus Deutschland nach Male gebracht; Landung auf dem Airport der Inselrepublik Malediven im Indischen Ozean.

Seite 76/77:
Exotischer Zauber auf dem Flughafen Yangon, im Land der Pagoden: Airbus A319 von Bangkok Airways vor dem ehemaligen VIP-Terminal der größten Stadt von Myanmar, die früher Rangun hieß und bis 2005 Hauptstadt war.

www.bangkokair.com
HS-PGW
Myanmar Airways International
MAI

G4
gkok Air

Konturen im Gegenlicht

Und dann diese Probleme mit dem Wetter, das sich nicht immer an die Prognosen hält. Sonne auf dem Objekt und messerscharfe Konturen bis ins kleinste Detail sind im Normalfall erwünscht. Jenseits dieser Idealbedingungen beginnt die Kür, eröffnet sich für das geübte Auge die Chance für »das andere Bild«.

Natürlich sind sie nicht ungewollt entstanden, die Aufnahmen dieser Seiten. Denn sie versuchen, zur Besinnlichkeit einzuladen, den »Traum vom Fliegen« zu träumen wie einst der unglückliche Ikarus und Jahrtausende später Leonardo da Vinci. Von dem wird im nächsten Kapitel noch die Rede sein. Irgendwann schaut der Betreuer des Fotografen auf seine Uhr, weil er gleich Dienstschluss hat. Doch ein paar außergewöhnliche Perspektiven bieten sich noch an. Im Osten des Flughafens scheint die Sonne hinter einem bizarren Tropengewitter im Meer zu versinken und zaubert ein furioses Licht- und Schattenspiel auf das Aluminiumkleid einer Il18, die in Emirat Sharjah startklar gemacht wird. Gemütlich zieht ein für die europäische Luftfahrtindustrie vergangener Zeiten unverzichtbarer Lastesel im Gegenlicht über dem Pyrenäenkamm dahin: der alte Airbustransporter Super Guppy. Sein mächtiger Nachfolger »Beluga« erscheint am Flughafen von Larnaca auf Zypern vor der untergehenden Sonne im Sucher der Kamera. Und die Aufnahme vom Landeanflug auf New York/La Guardia, die erkennbar vor dem 11. September 2001 entstand, vermittelt – nicht nur des dunstigen Gegenlichts wegen – nachträgliche Fassungslosigkeit.

Unterwegs mit Ziel São Paulo, Brasilien:
Airbus A340-300 über dem Mittelatlantik.
Rechts: Airbus A310-300.

Seite 82/83:
Uralt aber zuverlässig: Langstrecken-Veteran Douglas DC-8 im Landeanflug. Oft und gern verwechselt mit der ehrwürdigen Boeing 707, von deren Erfolg Douglas allerdings nur träumen konnte.

Legendäre Super Guppy über den Pyrenäen, fotografiert aus einem Learjet: Der Airbus-Transporter der frühen Jahre. Die »aufgeblasene« Boeing 377 war unverzichtbarer Lastesel zwischen den Produktionsstätten der europäischen Airbus Industrie und ist abgelöst worden vom Beluga.

Seite 86/87:
Fotoflug über dem norddeutschen Wattenmeer: Ausbildung zukünftiger Airline-Piloten mit Piper PA 34 Seneca III und Beechcraft Bonanza der Flugschule der Lufthansa.

Lufthansa

D-IOSG
SG

Kraftquellen im Detail: Triebwerk einer A310 der Lufthansa (links), Saab 340 von Nokair über Thailand (rechts).

Seite 90/91:
Als die Welt noch – fast – in Ordnung war: Landung eines Airbus A300 von Pan Am auf dem New Yorker Flughafen La Guardia. Im Hintergrund Manhattan mit den bis zum 11. September 2001 charakteristischen beiden Türmen des World Trade Centers.

Einst das »Flaggschiff« für die Kurzstrecke: die dreistrahlige Boeing 727, hier bei Sonnenuntergang im Landeanflug auf Mallorca über einer charakteristischen Balearen-Kulisse.

Seite 94/95:
Ein Wal auf dem Trockenen, und er kann sogar recht gut fliegen: der Airbus-Supertransporter A300-600ST »Beluga«. Der ist deutlich schneller unterwegs zwischen den Produktionsstätten der Luftfahrtindustrie in Europa als sein Vorgänger Super Guppy.

Senkrecht abgehoben

»Im Gegensatz zum Betrieb eines Flächenflugzeugs wird ein Hubschrauber nicht geflogen sondern permanent am Absturz gehindert.«

Nur geringfügige Übertreibung eines im Rotorwind ergrauten Helikopterpiloten, der damit die Komplexität eines Fluggeräts beschreibt, das punktgenau fast überall landen kann, wenn man es beherrscht.

Pacific
P2-PAC

Start mit einer Bell 206 »Long Ranger« am Fuße der Ambua Lodge bei Tari im Südlichen Hochland von Papua Neuguinea. Ziel ist der 3000 Meter hohe Mount Kare, auf dessen Kuppe die Eingeborenen nach Gold suchen. Wallender Nebel bei Erreichen des Ziels, Sicht Nullkommanull. Der Pilot fährt die Turbinen hoch und kämpft sich durch den Dunst, an dicht am Kurs stehenden Urwaldriesen vorbei, hinauf zur Sonne. Keine Bilder. Stattdessen ein Dankgebet für die Gnade, auch diese kritische Situation überlebt zu haben. Andere Abenteuer gelingen und liefern rasante Motive, nach glasklaren Absprachen zwischen Pilot und Fotograf. In Namibia treibt der Hubschrauber zwei Gnus vor die Optik, südlich von Kapstadt versorgt ein anderer einen Leuchtturm vor der Küste. In Lukla/Nepal nimmt eine Mi 8 Bergsteiger auf, die den Mount Everest bezwingen wollen. Im kleinen Karoo im Norden Südafrikas besuchen wir das letzte dort siedelnde Volk der San. Die Vision, vertikal abzuheben, hatte Ende des 15. Jahrhunderts bereits der geniale Leonardo da Vinci. Wir danken ihm und allen, die das Prinzip im 20. Jahrhundert realisiert haben, für eine Erfindung, die das Herz jedes engagierten Fotografen höher schlagen lässt.

Landen, wo es am Schönsten ist: Eine Bell 222 schwebt über Paradise Island in Sichtweite von Nassau/Bahamas (links), eine MD500N über einer Savannenlandschaft in Namibia (rechts).

Seite 100/101:
Am Ziel der Fernweh-Träume: Sightseeing mit Touristen an Bord eines Bell Jet Ranger II in Zentral-Australien. In der Sprache der Aborigines heißt die Berggruppe im Hintergrund Kata Tjuta. Er ist etwa 30 Kilometer entfernt von Ayers Rock.

VH-FHF

PHS
PROFESSIONAL HELICOPTER SERVICES
FAX 03 587 3821
PH 03 580 7433

Wiege der Menschheit: Der gebürtige Deutsche Volkmar »Dick« Hilland lebt in Stellenbosch bei Kapstadt in Südafrika und bringt uns mit seinem Long Ranger II ins Kleine Karoo. Dort siedelt einer der letzten Stämme des geheimnisvollen Volkes der San. Manche Forscher vermuten nach genetischen Untersuchungen, dass die heutigen San direkte Nachkommen der ersten Menschen sind und deshalb auch unsere Wurzeln in Südafrika gesucht werden müssten.

Seite 104/105:
Aufbruch zum Höhenflug: Der russische Hubschrauber vom Typ Mil Mi-8 startet auf dem einst von Edmund Hillary initiierten Flugplatz Lukla in Nepal mit Lebensmitteln und Ausrüstung zum Basiscamp des Mount Evererst. Lukla, 2860 Meter über dem Meeresspiegel, gilt als einer der problematischsten Landeplätze der Welt.

ZS-HVV
court

RESORT

SHREE AIRLINES
9N-ADL

Unterwegs in der Wildnis: der Pilot der MD500N hat das Manöver mit dem Wildhüter in Namibia und Dietmar Plath vorher im Detail abgesprochen. Nur so konnte es gelingen, die beiden Gnus im Vordergrund des Hubschraubers aufs Bild zu bannen.

Seite 108/109:
Schichtwechsel für die Besatzung: Ein Jet Ranger pendelt in regelmäßigen Abständen zwischen Kapstadt und dem Leuchtturm vor der südafrikanischen Küste.

ZS-HVY
JOHN ROLFE
court

Luftfahrt in der Steinzeit

Unterwegs im Land der Paradiesvögel, Besuche in der »real existierenden Steinzeit«, immer mal wieder, weil sich längst Leidenschaft entwickelt hat: Heimweh nach Papua Neuguinea. Nirgendwo sonst sind die Menschen so sehr auf das Flugzeug angewiesen. Da gibt es mehr als 800 zum Teil abenteuerliche Airstrips in einer bizarren Landschaft.

CAUTION
Mobil

Auf der nach Grönland zweitgrößten Insel der Erde ticken die Uhren anders. Manche Eingeborene des wild zerklüfteten Dschungelhochlandes haben bis heute nie eine zu Gesicht bekommen. Paradoxer Weise aber kennen die meisten von ihnen das Flugzeug. Das einst größte, über das die Airline mit dem Pidgin-Namen »Air Niugini« verfügte, war ein Airbus A310, der über den kompletten Rumpf knallbunt bemalt war – mit einem stilisierten Paradiesvogel, dem Wahrzeichen dieses spektakulären Landes. Manche der Flugplätze gelten als Herausforderung für Buschpiloten, so wie die »Sprungschance von Tapini« in der Owen Stanley Range, nur zwei Propellerstunden von der Hauptstadt Port Moresby entfernt. An den Gestaden der Bismarcksee waren bis 1994 noch zahlreiche Relikte des Pazifikkrieges zu sehen, wie die von Amerikanern am Boden zerstörten japanischen Bomber vom Typ Mitsubishi G4M »Betty« in der Nähe von Rabaul auf der Insel New Britain, die bis 1914 übrigens Neu Mecklenburg hieß. Am 19. September 1994 brach der Vulkan Tavurvur aus und bedeckte die Stadt und den Flugplatz mit einer meterhohen Ascheschicht. Der Versuch, eine Piper PA 34 noch unmittelbar vor der Eruption in Sicherheit zu bringen, scheiterte.

Die »Sprungschanze« von Tapini: Einer von mehr als 800 Flugplätzen in einem immer noch rätselhaften Land. Tapini liegt etwa 200 Kilometer von Port Moresby entfernt, der Hauptstadt Papua Neuguineas. Die Versorgung der steinzeitlichen Siedlungen in der Owen Stanley Range ist weitgehend auf das Flugzeug angewiesen.

Seite 114/115:
Ein Flug mit dem Paradiesvogel: Die prachtvolle exotische Bemalung dieses Airbus A300 von Air Niugini war einst dafür verantwortlich, dass sich Dietmar Plath auf den Weg nach Papua Neuguinea machte. Nach inzwischen 20 Reisen entwickelte sich eine brennende Leidenschaft für das Land der Paradiesvögel, die der Textautor dieses Buches längst mit ihm teilt.

G

Willkommen in der Steinzeit: Der Flugplatz Tari liegt in einem Talkessel im südlichen Hochland Papua Neuguineas. Nicht wenige Eingeborene vom Clan der Huli haben ihre Traditionen bis heute bewahrt und leben so wie ihre Vorfahren vor 10000 Jahren. Das Flugzeug – hier eine de Havilland Dash 7 – haben sie lange vor dem Auto oder dem Fahrrad zu Gesicht bekommen.

Seite 118/119:
Start in die Zivilisation: Abflug von Jacksons International Airport Port Moresby in Papua Neuguinea mit dem Ziel Hongkong, das der Airbus A310-300 in gut fünf Flugstunden erreichen wird.

Air Niugini
AFX 521

Air Niugini

Mahnung und Gedenken: Relikte des Pazifikkrieges in Papua Neuguinea. Die zweimotorigen japanischen Bomber vom Typ Mitsubishi G4M »Betty« sind von der US Army Air Force inmitten der Kokosplantagen, zwischen denen sie die Japaner zu verstecken versucht hatten, zerstört worden. Links ein Wrack bei Rabaul auf der Insel New Britain, rechts ein weiteres in der Nähe von Kavieng an der Nordspitze von New Ireland.

Seite 122/123:
Da sieht man noch die Trümmer rauchen: Wrack einer Cessna auf dem Flughafen von Rabaul, der bis zum 19. September 1994 regelmäßig auch von Air Niugini angeflogen wurde. An dem Tag kam es zu einer gewaltigen Eruption des Tavurvur, der die Stadt Rabaul und auch den Flugplatz mit einer einige Meter hohen Ascheschicht bedeckte. Zu erfahren war, dass der Pilot dieses Flugzeugs noch versucht haben soll, es während des ersten Ausbruchs zu starten. Er hat sich dann aber anders entschieden und sich selbst in Sicherheit gebracht.

Exotische Erinnerungen

Wer viel reist, vergisst auch viel. Schicksalhaftes und Außergewöhnliches aber bleibt dauerhaft im Gedächtnis. Für das Kapitel »Weißt Du noch …« bedarf es deshalb nur des geeigneten Stichworts. Fragen also an den Globetrotter, was ihn besonders bewegt hat – einmal abgesehen von der übertriebenen Exotik unseres gemeinsamen Absturzes im Dschungel von Französisch Guayana, dem tropischen Übersee-Département in Südamerika.

Erinnerst Du dich noch an Peter Barter, den ehemaligen Innenminister von Papua Neuguinea, der uns mit seinem privaten Robinson-Air44-Helikopter von Madang in die Berge geflogen hatte?

Plath: Eine verrückte Geschichte. Wir landeten damals auf einem schmalen Berggrat auf 2500 Metern Höhe. Während der Motor zum Abkühlen noch nach lief, näherte sich von hinten eine Gruppe von Kindern, die noch nie einen Hubschrauber gesehen hatten. Deshalb hatten wir die Befürchtung, die Eingeborenen könnten in den laufenden Heckrotor geraten, sprangen also aus dem Helikopter und liefen der Gruppe entgegen. Einer rief aufgeregt: »Mixmasta bilong Jesus tumas mekneis«. Später hat uns Peter Bater den Pidgin-Satz dann erklärt. »Mixmasta« ist der Begriff für einen Küchenmixer. Dieser kam vom Himmel und für die christianisierten Kinder also von Jesus (»bilong Jesus«), und »tumas mekneis« heißt soviel wie »to much makes noise«. Also, lernten wir: »Dieser Himmelsquirl macht einen ziemlichen Krach!« Eines von vielen Ereignissen in Papua Neuguinea, einem Land, das mich nach 18 Reisen noch immer fasziniert. In der Ambua-Lodge im südlichen Hochland waren z.B. wilde Steinzeitkrieger vom Klan der Huli mit Grasbüscheln am Gesäß und Pfeil und Bogen für unsere Sicherheit verantwortlich …

Stichwort Papstreise nach Angola …

Plath: Wir flogen mit Papst Johannes Paul II in einer Fokker 50 von Luanda in Angola zur Inselrepublik Sao Tomé im Atlantik. Auf dem Vorfeld versagte der Elektromotor des »Papamobils«. Kurzerhand schoben wir das Gefährt inklusive Papst unbehindert und unkontrolliert an der Passkontrolle vorbei. Der Heilige Vater war ziemlich beeindruckt …

… und die Begegnung mit Taufa'ahau Tupou IV, dem damals, nicht nur seiner Leibesfülle wegen, »mächtigen« König von Tonga?

Plath: Wir waren damals interessiert an Reportagen über Royal Tongan Airlines und die kleine Pazifikgesellschaft Friendly Islands Airways, mit der wir u.a. nach Lifuka geflogen sind. Im Übrigen war uns der König als »bekennender Fan der Luftfahrt« bekannt. Neben dem Sessel des erklärten Freundes deutscher Wesensart und Pünktlichkeit, dem es Reichskanzler Otto von Bismarck besonders angetan hatte, stand während der Audienz, die er uns gewährte, eine Gitarre. Darauf angesprochen erzählte Tupou IV, dass sie ein Geschenk des spanischen Königs Juan Carlos sei. Und dann hat der Monarch tatsächlich auch noch in die Saiten gegriffen und uns mit harmonischen Südseeklängen verwöhnt!

Abenteuer und Begegnungen mit der Prominenz: Konzertanter Privatvortrag während einer Audienz beim König von Tonga (links), Flug mit Papst Johannes Paul II nach Luanda in Angola und Exkursion mit dem Hubschrauber im Hochland von Papua Neuguinea.

Alitalia

P2-HCW

Was war das Besondere in Bangda, auf dem am höchsten gelegenen Airport der Welt ins Osttibet?

Plath: Ich habe eine Crew aus Toulouse begleitet, die einerseits den Chinesen den Airbus A319 schmackhaft machen wollte und andererseits dort, 4334 über dem Meeresspiegel, die erforderlichen Parameter für die Höhenzertifizierung abfliegen wollte. Der dünnen Luft und der Vorschriften wegen musste die Crew Sauerstoffmasken tragen. Airbus hatte wenig später im Wettstreit gegen Boeing die Nase vorn, und Air China fliegt seitdem also mit A319 regelmäßig nach Bangda. Auch Lhasa, der andere Ausnahmeplatz im Himalaya, wird inzwischen von Tibet Airlines mit dem Airbus A319 angeflogen.

Vom zweithöchsten Flughafen der Welt, La Paz in Bolivien, sind wir mal mit einer Cessna »Gran Caravan Turbo« nach Rurrenabaque am Rio Beni geflogen …

Plath: Das war Klimawechsel brutal. Auf dem Flugplatz El Alto musste das Flugzeug zunächst enteist werden. Der liegt ja auch auf knapp über 4000 Meter. Dann sind wir, über einem Gletschersattel des Illimani, auf gut 7000 Meter gestiegen – ohne Druckkabine und Sauerstoff – und nach einer guten Flugstunde bei 35 Grad am Rio Beni im Urwald gelandet. Pullover natürlich blitzartig ausgezogen – öfter mal was Neues! Und dann hatten wir auf dem Airport El Alto noch die Begegnung mit einer ganz besonderen Spezies unter den Piloten dieser Welt: den Carniceros, den »Fleischfliegern von La Paz«. Da die Straßenverbindungen zu den Niederungen ziemlich desolat und brandgefährlich waren, musste vor Jahren die Großstadt in den Hochanden noch auf dem Luftweg mit Fleisch versorgt werden. So knatterten die Carniceros also mit uralten Blechkisten der Typen Curtiss C46, DC3 und Convair 340 zu den Farmen im Tiefland. Die Rinder wurden zu den Flugplätzen getrieben, dort geschlachtet und geviertelt, noch handwarm in die Flugzeuge geladen und nach La Paz geflogen. Ein abenteuerliches Verfahren – und eine Zumutung für unsere empfindlichen mitteleuropäischen Nasen …

Was würdest Du in der Rückschau als Deine größte Herausforderung bezeichnen, was also war besonders schwierig?

Plath: Eindeutig Bhutan, das Königreich im Himalaya. Vor vielen Jahren habe ich in Kalkutta so lange gebettelt und gefleht, bis man mich an Bord einer Dornier 228 ließ. Damals war ich noch etwas leichtgläubiger als heute und hoffte, auch ohne Visum nach Bhutan hereingelassen zu werden. Fehlanzeige! Journalisten waren nicht erwünscht. Ich durfte mich nur im Transitbereich aufhalten und musste mit demselben Flugzeug wenig später zurück fliegen. Das hat mich dermaßen geärgert, dass ich über Jahre immer wieder gebohrt und nach Argumenten gesucht habe, damit es mir irgendwann gestattet wird, das konservative Königreich zu besuchen und auf dem Airport zu fotografieren. 15 Jahre nach meiner »Niederlage« war es dann so weit: eine Art Gnade, die nicht jedem widerfährt. In Lhasa/Tibet war es übrigens ähnlich. Die Verantwortlichen dort machen uns Journalisten bis heute die Arbeit fast unmöglich …

Legal und illegal: Verbotener Schnappschuss von einer Dornier 228 im Landeanflug auf Bhutan. Dietmar Plath ist bei seinem ersten Flug in das Himalaya-Königreich das Visum verweigert worden. So blieb ihm nichts anderes übrig, als mit demselben Flugzeug zurückzufliegen nach Kalkutta (oben).

Stationiert auf 4000 Meter in den Anden: Curtiss C-46 der Carniceros, der »Fleischflieger« von La Paz in Bolivien.

DRUK-AIR

CAMBA

Und manche Reisen und Erlebnisse waren überhaupt nicht planbar und deshalb nur dem Zufall zu verdanken …

Plath: Stimmt! Wir waren in Südamerika unterwegs und interessierten uns für den Luftverkehr in Feuerland. In einer Airportbar im südchilenischen Punta Arenas lernten wir eine Crew der südafrikanischen Privatgesellschaft Safair kennen, die dort auf besseres Wetter wartete. Ein paar Exportbierchen und gegenseitige Sympathiebekundungen später war ich hellwach. Die Piloten wollten mit wohlhabenden Touristen und ihrer viermotorigen Hercules nach Patriot Hill, einem US-Urlaubscamp der extremen Art. Patriot Hill liegt unweit des geografischen Südpols auf dem »sechsten Kontinent«,

in der Antarktis. Nach der beiläufigen Frage »Wenn Ihr mit wollt…« habe ich ein paar »innere Freudensprünge« absolviert. Bequem war sie nicht, die Reise am nächsten Tag, aber unvergesslich allemal. Sieben Stunden Flug bis ans südliche Ende der Welt, ein halber Nachmittag in eisig-karger Umgebung, dann sieben Stunden zurück nach Punta Arenas mit Touristen, die alles andere im Leben schon hatten – ungeplanter Wahnsinn, aber höchstmögliche Exklusivität. Außerdem war es auch auf dem Rückflug extrem frostig in der Hercules. Die Antwort auf die Frage nach dem Zustand der Bordheizung brachte neue Erkenntnisse: Wer per Flugzeug oder Schiff die Antarktis verlässt ist verpflichtet, allen Zivilisationsmüll der touristischen Exkursionen oder Forschungsstationen mitzunehmen. Und je stärker die Heizung gedrosselt ist, umso weniger müffelt der Abfall an Bord …

… eine prächtige »Trophäe« auf der Jagd nach dem Besonderen, zugegeben, wenn auch reichlich strapaziös. Was zählt zu Deinen angenehmsten Erinnerungen?

Plath: Galapagos, diese unvergleichliche Inselwelt im Pazifik, ein absolutes Paradies. Mit Echsen und Riesenschildkröten, Blaufußtölpeln und brütenden Fregattvögeln auf Du und Du. Tiere, die keine Furcht vor Menschen haben, weil die ihnen seit Jahrzehnten per Verordnung nichts mehr zu Leide tun. Dann, ein paar Tausend Kilometer südlich von Galapagos, eines der extrem entlegenen Eilande der Welt: die geheimnisvolle Osterinsel, die Archäologen und Ethnologen noch heute Rätsel aufgibt. Ein für mich historisches Ereignis war 1986 die Erstauslieferung von Flugzeugen des Typs Airbus A310 an Pan Am, weil die amerikanische Gesellschaft als besonders wichtiger Kunde für Airbus galt. So war ich also dabei, als zwei der Großraumjets vor dem Pyrenäenkamm dahin zogen. Ich schoss meine Aufnahmen aus einem Learjet, der von Airbus Industrie in Toulouse zur Verfügung gestellt worden war.

Viel weiter geht nicht: Dietmar Plath auf der Osterinsel im Pazifik beim Tête-à-Tête mit einem der geheimnisvollen Moais, den kolossalen polynesischen Steinstatuen (links) …

… und am Ende der Welt in der Antarktis, in unmittelbarer Nähe des Südpols.

Nun ist die Entwicklung der Luftfahrt, wie Du sie seit mehr als 30 Jahren wahrnimmst, ja auch eine Geschichte des ständigen Wandels, der Vergänglichkeit. Flugzeugmuster, an denen man einst Gefallen gefunden hat, werden eingemottet oder verschrottet. Ist da nicht gelegentlich so etwas wie Wehmut zu spüren?

Plath: Aber sicher! Ich bin ein paar Mal mit der unvergleichlichen Concorde über den Atlantik geflogen. Mit diesen Überschall-Erlebnissen sind wir der jungen Generation voraus. Realistisch betrachtet wird es vor 2030 wohl keinen zivilen Nachfolger geben, der in weniger als vier Stunden, schnell wie ein Geschoss, von Europa nach USA fliegt. Gut erinnere ich mich an Barbara Hamer von British Airways, die einzige Concorde-Kapitänin, mit der ich damals in 3.45 Std. von London nach New York geflogen bin. Natürlich bedaure ich, dass so außerordentliche Flugzeuge wie die Concorde und die ehrwürdige Boeing 707 vom Himmel verschwunden sind. Zum Glück gibt es noch, vereinzelt in der Welt, an Luftfahrthistorie interessierte Enthusiasten, die ihre Grumman Albatros, die DC3 oder DC6, in lufttüchtigem Zustand bei Laune halten. Die meisten Oldtimer aber verrotten irgendwo im Abseits. In dem Zusammenhang erinnere ich mich an den Flugzeugfriedhof am Rande des Internationalen Flughafens Santo Domingo in der Dominikanischen Republik. Der »Star« dort war eine Super Constellation, an deren Bugfahrwerk das Efeu empor kletterte. Ein morbides Bild des Verfalls, geheimnisvoll und irgendwie tragisch …

Wie eine Stechmücke unter dem Mikroskop: abgesenkte Nase einer Concorde von British Airways (rechts) …

… und – mit stolz erhobener Nase – die elegante Langstreckenschönheit der 1950er-Jahre (oben).

BRITISH AIRWAYS

Mir sind vor allem die Moskitoschwärme im Gedächtnis geblieben, die uns in einer verrottenden 727 überfallen haben! Um geeignete Perspektiven für die Luftfahrtfotografie ausfindig zu machen bedarf es natürlich der Unterstützung der Verantwortlichen. Dabei kommt es immer wieder zu unvergesslichen Begegnungen mit interessanten Persönlichkeiten. Wir haben den damaligen Papst getroffen, den König von Tonga, fallen Dir noch andere ein?

Plath: Neil Armstrong vor allem, der als erster Mensch auf dem Mond war, der hyperschnelle Chuck Yeager, der am 14. Oktober 1947 mit der Bell-X-1 als Erster die Schallmauer im Horizontalflug duchbrach, der amerikanische Milliardär und Luftfahrtpionier Steve Fossett, der zahlreiche Rekorde aufgestellt, die Erde Non Stopp im Ballon umrundet hat und dann 2007 in Kalifornien leider mit einem Leichtflugzeug tödlich verunglückte – legendäre Zeitgenossen. Dann die vielen anderen, die mir den Weg geebnet haben wie unser gemeinsamer Freund Hartmut Mehdorn, einer der damals erfolgreichsten Luftfahrtmanager. Übrigens: wer erinnert sich denn noch daran, dass es der heutige Chef von Air Berlin war, dem die Tatsache zu verdanken ist, dass es in Hamburg heute eine Endproduktion der Airbus-A320-Familie gibt. Dann Männer wie der damalige General Manager der Luftfahrtgesellschaft Air Niugini, Dieter Seefeld, dessen langjähriger freundschaftlicher Unterstützung wir tiefe Einblicke in das abenteuerliche Papua Neuguinea verdanken, und natürlich nicht zu vergessen die zahlreichen Flughafenangestellten in aller Welt, die sich von unserer Begeisterung anstecken ließen und manchmal beide Augen zugedrückt haben, wenn wir das Unmögliche verlangten. Natürlich gab es auch die anderen, die uns Steine und Knüppel zwischen die Beine geworfen haben und nicht verstehen wollten, dass wir, positiv-werblich für sie und ihre Zuständigkeitsbereiche, das Thema Luftfahrt vermitteln wollten. Das aber sind Ausnahmen, die mir die Faszination und Leidenschaft an meiner Arbeit nie wirklich austreiben konnten …

Was steht noch aus? Was also reizt Dich heute noch?

Plath: Wenn ich mal auf das Thema »Vergänglichkeit« zurückkommen darf: es gibt neben den Flugzeugen auch außergewöhnliche Flugplätze, die der Vergangenheit angehören. Allen voran Hongkong Kai Tak oder der von einem Vulkan verwüstete Airport Rabaul auf New Britain. Andere wie der von Funchal/Madeira oder Lukla in Nepal existieren noch. Geschlossen wird demnächst Quito, weil die Stadtbebauung weit in die Anflugsektoren vorgedrungen ist. Wonach ich immer wieder suchen werde sind also spektakuläre Plätze, am liebsten irgendwo mitten im Dschungel, in der Wüste, in versteckten Hochandentälern oder auf einsamen Inseln.

Abseits der Zivilisation: Motive der Sehnsucht im Indischen Ozean und in der Owen Stanley Range im Hochland von Papua Neuguinea.

Links und Seite 136/137: Pionier und Oldtimer: Dietmar Plath traf den legendären Überschall-Pionier Chuck Yeager in USA. Neben »seiner« Bell-X-1 hat der 1923 geborene spätere Testpilot in jungen Jahren fast alles geflogen, was Flügel hatte. Die alten »Drachen«, die am Rande des Airports von Santo Domingo verwittern, zählten dazu.

PLATA

PUERTO PLATA

Nur knapp überlebt ...

Es sollte eine Reise wie viele andere werden: ein wenig exotisch und aufregend zwar, aber im Vergleich zu anderen, die Dietmar Plath und seine jeweiligen Begleiter hin und wieder wagen, nicht sonderlich problematisch. Wir waren gemeinsam in Afghanistan und im ähnlich unsicheren jemenitischen Wadi Hadramaut, sind im Süden Libyens vorübergehend der Spionage verdächtigt worden, haben am Mehrabad Airport von Teheran die Security ausgetrickst – was sollte da in Französisch Guayana schon schief laufen? Ein Besuch in Amazonien also, den europäischen Tropen.

Die kleine Gesellschaft, die porträtiert werden sollte, hörte auf den fröhlichen Namen »Fun Air« und verfügte im Herbst 1993 über 30 kleine UL-Flugzeuge, davon 20 auf Schwimmern. Und dann der verhängnisvolle Plan, nach zwei Tagen Flugabenteuer an der Küste und mehrfacher Umrundung der Ile Saint Joseph, die neben der Teufelsinsel liegt und auf der einst tausende französische Strafgefangene ihr Martyrium durchlitten, mit drei der kleinen Amphibien auf Südkurs zu gehen. Am mächtigen Dschungelfluss Approuague entlang stromaufwärts. Das Ziel war ein tosender Wasserfall, den Dietmar Plath als Fotokulisse mit den davor kreisenden Flugzeugen auserkoren hatte.

Mitten in der angeblichen Trockenzeit brach dann der Monsun über uns herein. Wir waren oberhalb des Wasserfalls gelandet und warteten vergeblich auf Wetterbesserung. Dann die lebensgefährliche Entscheidung des Chefpiloten der Fun Air, dennoch zurück nach Cayenne zu fliegen. Zunächst bei 800 Meter Horizontalsicht stromabwärts, dann aber, weil es dort heller zu sein schien, Kurs Nordwest und damit weit weg vom Fluss. Wir haben ihn nie wieder gesehen auf unserem langen Irrflug durch den warmen Tropendunst. Der Approuague war längst unter einer aufliegenden Wolkendecke verschwunden. Dann ging der Treibstoff bei allen drei Flugzeugen zur Neige. Den Versuch, ein einsames Wolkenloch zu nutzen und die Notlandung auf bis zu 60 Meter hohen Bäumen des undurchdringlichen Dschungels zu wagen, haben die drei Piloten und ihre drei Begleiter nur knapp überlebt.

Die Rettung der zum Teil Schwerverletzten war das Ergebnis einer Reihe von glücklichen Umständen und schieren Wundern. Der Kommandant einer französischen Transall hatte, im Landeanflug auf Cayenne, als einziger unsere May-Day-Rufe gehört, den Anflug abgebrochen und Kurs auf unsere Position genommen. Er wollte wenigstens eines der kleinen Wasserflugzeuge vor dem unvermeidlichen Verschwinden im Urwald noch in der Luft sehen, um anschließend den Rettungshubschrauber an die exakt richtige Stelle dirigieren zu können. Als er tatsächlich die letzte Amphibie kurz vor deren Crash, knapp über den Baumwipfeln ihre Kreise ziehend, ausmachte, lagen die beiden anderen längst zertrümmert und für den Transall-Piloten unsichtbar tief im Dschungel.

Die Bergung gelang erst am nächsten Morgen mit einer Super Puma der französischen Luftwaffe. Dietmar Plath und ich wurden nach einer qualvollen Nacht im Dschungel mit schwersten Verletzungen ins Hospital von Cayenne geflogen. Wir sind längst kuriert, nicht nur körperlich, und wissen deshalb und seitdem, dass in der Luftfahrt gewisse Regeln eingehalten werden müssen.

Absturz in der »Grünen Hölle«: Die Bilder entstanden einige Stunden nach dem Crash der drei Amphibien im Dschungel von Französisch Guayana – die Gesichter der Opfer verraten noch eine gewisse Verständnislosigkeit. Dietmar Plath (großes Bild links) ahnt zu diesem Zeitpunkt noch nicht, dass vier seiner Halswirbel gebrochen sind. Auch Gunter Hartung, der neben ihm an einem Baumstamm lehnt, trug schwere Verletzungen davon. Beide kamen mit dem Hubschrauber zunächst ins Hospital in Cayenne und wurden später, nach der Überführung mit einer Boeing 747 der Air France in Begleitung eines Arztes der Deutschen Rettungsflugwacht Stuttgart, mehrere Wochen lang in Krankenhäusern in Hamburg und Hannover therapiert.

Seite 142/143:
Historisches Ereignis: A310 und A300 für Pan Am im Formationsflug über den Pyrenäen.

PAN AM
F-WZEC
AIRBUS A310
PAN AM
F-WZMI
AIRBUS A300

PAN AM
PAN AM

Seite 6/7
Langer Flug:
Von Bangkok nach Düsseldorf mit Airbus A310

Seite 8/9
Leinen los:
Boeing 737 von Virgin Blue »ready for departure«

Seite 30/31
Antigua Goodbye:
Boeing 747 von Virgin Atlantic startet nach London

Seite 52/53
Optische Täuschung:
Boeing 767 von Hawaiien in Las Vegas und nicht in Kairo

Seite 78/79
Abendlicher Scherenschnitt:
Iljushin Il-18 auf den Flughafen von Sharjah

Seite 96/97
Tropisches Ziel:
Traumbucht an der Bismarcksee in Papua Neuguinea

Seite 110/111
Ehrfürchtiges Staunen:
Steinzeitkrieger in Papua Neuguinea begegnet der modernen Technik

Seite 124/125
Neugieriger Drache:
Landleguan auf dem Galapagos Airport Baltra

Seite 138/139
Absturz kopfüber:
Schutzengel an Bord im Dschungel von Französisch Guayana

Produktmanagement: Dr. Wolf-Heinrich Kulke
Layout: VerlagsService Gaby Herbrecht, Mindelheim
Umschlaggestaltung: Jarzina Kommunikations Design, Holzkirchen
Repro: Repro Ludwig, Zell am See
Herstellung: Anna Katavic
Druck: Stürtz GmbH, Würzburg

Alle Angaben dieses Werkes wurden von den Autoren sorgfältig recherchiert und auf den aktuellen Stand gebracht sowie vom Verlag geprüft. Für die Richtigkeit der Angaben kann jedoch keine Haftung übernommen werden. Für Hinweise und Anregungen sind wir jederzeit dankbar. Bitte richten Sie diese an:
GeraMond Verlag
Postfach 400209
D-80702 München
E-Mail: lektorat@verlagshaus.de

Die Deutsche Nationalbibliothek verzeichnet diese Publikation in der Deutschen Nationalbibliografie; detaillierte bibliografische Daten sind im Internet über http://dnb.d-nb.de abrufbar.

ISBN-13: 978-3-86245-310-8